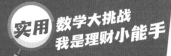

实用 **数学大挑战**
我是理财小能手

U0191728

做一个聪明的消费者

〔美〕塞西莉亚·明登 著

王小晴 译

人民文学出版社
PEOPLE'S LITERATURE PUBLISHING HOUSE

目　录

做一个聪明的
消费者

Smart Shopping

第一章

十一二岁的消费者

在美国，如果你是十一二岁的少年——也就是说十岁到十三岁之间——那么你就是最大的消费者群体的一员。消费者就是为商品和服务付费的人。大多数十一二岁的少年不需要支付食物、衣服和住房的花费，但会通过做家务而获得一些零花钱，因此会有一些可支配收入。这就意味着，关于如何花钱，他们会有很多选择。

有些人觉得购物很有趣，也有些人会很厌烦。对所有人来说，

十一二岁的少年往往比成年人更想购买各种各样的东西

通过购物,我们可以得到我们想要的和需要的东西。你在哪儿购物?你会在大型购物中心或者市中心商业区购物吗?你会在旧货店、旧货摊或者农贸市场购物吗?你会网上购物吗?

　　这么多的选择摆在面前,我们如何才能成为聪明的消费者?如何决定在哪里买东西,以及买什么?如何用最优惠的价格买到想要的东西?我们一起来看看吧!

生活和事业技能

　　如今,很多消费者在网上购物。成千上万的网站为消费者提供来自全世界各种各样的商品。你不需要出家门,就可以买到非洲的面具、爱尔兰的毛衣,还有巴西的吉他。互联网让我们可以轻而易举地买到来自全世界的商品,而且能够送货上门。

千万不要忽视旧货摊和跳蚤市场。
一个人的垃圾可能是另一个人的宝藏

第二章

我想要/需要那个东西！

需要一个东西意味着你拥有它才能生存。我们需要穿衣服，从而保护我们应对天气的变化。如果这就是全部的意义，我们可以一直穿一样的衣服，只是会好无聊啊！因为我们每个人有着不同的体形和品味。我们每个人都需要衣服，但是在购买衣服的时候会做出不同的选择。你可能喜欢某一种颜色或者某一个品牌的衣服，即便另一种选择可能会便宜得多。

比如，你需要一件冬天的外套。因为你的旧外套破了个洞，或者太小了，无法保暖了。你的很多朋友都穿某一个品牌的衣服，但

从网上查价格可以节约时间和金钱

冬天的外套得经常穿，所以一定要选对

是这件衣服价格太贵，你的父母不想花这么多钱。你该如何决定这件昂贵的外套究竟是想要还是需要呢？

购买之前，先从不同的角度考虑一下。你虽然真的很想要那件昂贵的外套，可是它实用吗？是不是有足够的口袋来装随身携带的东西？是不是适合你生活的地方的天气？是不是可以和你其他大部分衣服搭配？你也应该喜欢自己穿上它的样子。拍一张你穿着这件衣服的照片，发给你的朋友。他们觉得这件衣服值不值这么多钱？

　　还要货比三家。看一下这件衣服在几家商店分别是什么价格，并且记住这些数字。也试着在网上搜一搜。看看所有的可能性，再做最终的选择。如果你仍然无法下定决心，让商店帮你把这件外套保存一天，你再好好想一想。

生活和事业技能

　　在想要和需要之间做出决定是练习推理技巧的一个好方法。杂志上、电视上、电脑上和宣传牌上的广告都可能给你带来压力。广告用特殊的摄影、音乐和名人来推销产品。千万不要被动摇。你想买什么，自己来决定。

买东西之前一定要列一张购物清单。你现在需要买什么东西?清单上是不是有拥有了会开心,但是并不需要的东西?你有什么优惠券吗?哪里在打折?还要为每一个条目做一个价格预算。在商店的网站上进行在线调查,对价格和质量有一定的实际了解。提前比较一下价格可以节约时间和金钱。

实用数学大挑战

尼克存了 25 美元, 想买一个新篮球。他需要的那个篮球在"超级运动"卖 28 美元。同样的篮球在"德鲁体育"卖 30 元, 不过现在有 15% 的折扣, 一直持续到月底。消费税是 5%。

· 哪家商店的篮球价格更低?
· 尼克如果以比较低的价格购买篮球,那么还需要多少钱?

(答案见第 28 页)

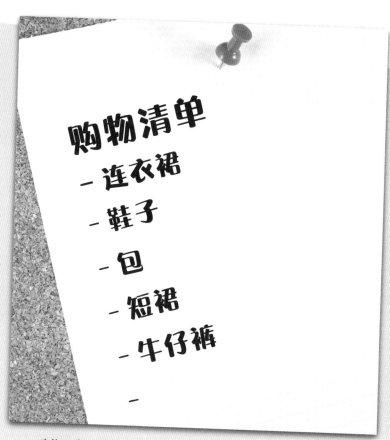

购物清单
- 连衣裙
- 鞋子
- 包
- 短裙
- 牛仔裤
-

购物之前，先做计划，看看自己需要什么

第三章

开动脑筋：
得到最优价格

　　你了解了自己想要什么，以及可以花多少钱。那么如何用最好的价格买到你想要买的东西呢？一种方法是在淡季购买。冬天的衣服在二月的时候通常会打折，而七月是买夏装的最好时间。商店需要为新一季度的商品腾出空间。每个季度快结束的时候是为来年囤货的好时机。你可以在当地报纸上寻找优惠券和广告。

　　折扣店会大量采购货品，并以较低的价格销售。如果品牌对你来说不是很重要，那折扣店就很适合囤一些你知道会需要并且

在冬天能用低价买到夏天穿的衣服

有用的物品。要是某样物品不在货架上,就去问一下售货员,说不定库房里还有一件呢。有一些网站专门提供折扣或者优惠券来帮助你省钱。不过订购之前一定要询问一下大人的意见。

奥特莱斯以低价售卖名牌货,往往都是一些过季或者微瑕疵商品。下一点点工夫,你就能用便宜的价格买到潮流品牌。如果衣服有破损或污点,别忘了争取更多折扣。用针线简单缝一下或者用清洁剂洗一下就能让衣服完好如新。

优惠券是省钱的一个好办法。优惠券被发明于1895年,最初用于促销一种新上市的软饮——可口可乐。一百多年过去了,可口可乐公司仍然通过提供优惠券来促销!仔细阅读优惠券是很重要的,因为有时候可能会有一些限制条件。聪明的消费者会开动脑筋算一算到底是这家的折扣更优惠,还是另一家的优惠券更优惠。

生活和事业技能

下午去电影院可以享受折扣价,不仅电影票更便宜,而且有些电影院还会提供比其他时段便宜的爆米花和软饮。

在报纸和网络上寻找优惠券。注意检查优惠券的截止日期

实用数学大挑战

　　佩琪想买一件新毛衣。她有 30 美元。她发现"林恩服装花园"有一件毛衣可以享受 20% 的折扣, 但特价商品不适用这个折扣。在这家商店里, 佩琪发现一件非常漂亮的紫色毛衣, 价格是 34.95 美元, 没有特价。她还发现一件漂亮的粉色毛衣, 特价 28.95 美元。

- · 哪件毛衣更便宜?
- · 便宜多少钱?

(答案见第 28 页)

第四章

开动脑筋：把其他成本考虑在内

你发现你正在寻找的东西价格很不错。你还需要考虑哪些成本?美国几乎每个州都征收消费税，不过每个州都不太一样。比如，马萨诸塞州对服装不征收消费税，对其他品类就会征收。征收多少税也取决于你所购买的东西。如果购买比较奢侈的东西，那就可能需要支付更高的税，比如电视机或者昂贵的衣服。像食物或者药品这样的必需品，税就会低一些，甚至免税。

计算成本有一个最快捷的方式，就是把金额四舍五入成整

计算最终购物成本的时候，一定要把消费税算进去

实用数学大挑战

消费税按照一件商品的百分比征收。比如,凯尔去小卖部给他的足球队买零食。他购买的金额税前是 23.46 美元。州税和地方税总计 7%。凯尔有 25 美元可以花。

· 凯尔有足够的钱购买吗?把购买价格和税款加在一起,看看这些零食需要多少钱?

(答案见第 28 页)

数。这样,你在去收银台之前,心里会有个估价。比如,你要买三件货品,分别是4.62美元、3.75美元和2.64美元。四舍五入之后,你很快就可以做加法得出结果:5+4+3=12。再加几分钱消费税,你就能知道你是不是有足够的钱来买这些东西。

如果你从其他城市或州购买一件商品,你通常还得支付商店一些运费。运费取决于你要买的商品在哪里,你想把它运送到哪里,以及通过什么方式运送。还要考虑一些其他的因素,比如包裹的重量,以及你想什么时候收到。有时候还有一些特殊的手续费,

19

有些易碎品需要额外的包装费。如果你购买到一定的金额，商店通常会给你一些特别优惠，比如免费送货。你可以和亲朋好友一起订购，凑成大订单，这样就能省下运费。

实用数学大挑战

　　意外事故会造成意外花费。马特奥和米娅不小心打碎了妈妈最爱的花瓶。他们在网上找到一个差不多的，要 15 美元。税是 7%，运费底价 2.99 美元，每磅 0.59 美元。这个花瓶重 2 磅。他们告诉妈妈会给她钱在网上购买这个花瓶。

- · 马特奥和米娅需要多少钱来购买新的花瓶？
- · 如果马特奥和米娅同意平分这部分花费，他们每个人要出多少钱？

(答案见第 28 页)

第五章

如何成为一个聪明的消费者

　　你已经列了购物清单,比较了价格,收集了优惠券,并且留出了额外的钱支付税款。还有一些小窍门能让你拥有一次有史以来最棒的购物之旅。

　　你或许大都是在周末和假期购物,要早点去,避免排长队。务必把钱放在安全的口袋或者钱包里,一定要穿舒服的鞋子!你要去一个比较熟悉的商场,还是根据你的购物清单计划去哪一个商场?

和好朋友一起购物会有很多乐趣

生活和事业技能

　　和一群亲朋好友一起购物能够测试你解决问题和随机应变的能力。你们将会一起想出一个计划，让每个人都能买到他想要的东西。如果走散了，那就决定一个见面的地方。选择一个时间见面，然后一起回家。要随机应变，确保每个人都买得开心，让这次购物之旅对每个人来说都很愉快。

　　或许你喜欢网上购物。网络非常便捷，你可以找到一些很棒的交易。不过，要确保安全购买，还需要遵循一些指南。你需要对比和考虑网上的价格，就像在商店里一样。

　　一般有这样一个规则，如果某样东西听起来好得简直不像是真的，那或许就不是真的。在输入任何个人信息之前，要彻底检查一下这个网站，并且征求大人的同意，尤其在这个网站需要填写银行账户和信用卡信息的时候。不要透露自己的社会保险号码。

只在你信任的网站购物。

你如果不能确定一个网站是否安全，可以在其他网站上
看一看关于这个网站的评论

在网上购买任何东西之前，要和爸爸或妈妈确认一下

你如果征得了大人的同意进行购买，那么要在屏幕上找到一个挂锁图标。这个方法可以告诉你这是一个安全的网站。还有一个方法是，如果URL中的"http"变成了"https"，这个"s"也表示"安全 (secure)"。记住，为了避免网上购物的陷阱，在购买之前要和大人一起检查一下。

聪明地购物是件很有意思的事情，有点像一场游戏或者一个谜题。你把所有的线索都汇集起来,然后找到最好的方法来解开这个难题。省钱就意味着你可以买更多的东西,或者可以存起来以备不时之需。聪明的消费者享受购买新的东西,因为他们知道他们付出了必要的时间和精力来得到他们真正想要的东西,而且价格也是他们能够支付的。我们一起去购物吧!

实用数学大挑战

帕特里克在生日那天收到 45 美元, 他还通过修剪草坪挣得 60 美元。他想买一个置物架收纳他所有的光盘,不过也想买一个新的音箱和一个电脑游戏。他在网上搜索了几处, 发现在"爷爷的商店"购买所有的商品最划算。还有一家店叫作"凯利的电脑",订单超过 90 美元就免运费。在"爷爷的商店",置物架卖 31.99 美元, 可以放置 150 片光盘, 运费是 10 美元。"凯利的电脑"售卖的置物架质量更好, 价格是 45.95 美元, 也能放置 150 片光盘。他有一张"凯利的电脑"单件商品优惠 15% 的折扣券。两家音箱都卖 35.95 美元,电脑游戏也都是 29.95 美元。税是 5%。

· 试着列出一个有条理的价格清单。帕特里克如果在"爷爷的商店"购买光盘置物架、音箱和电脑游戏, 需要多少钱?

· 帕特里克如果在"凯利的电脑"购买呢?

· 帕特里克的钱足够买这些东西吗?

(答案见第 29 页)

实用数学大挑战 答案

第二章
第 10 页
"德鲁体育"的篮球税前 25.5 美元。

"德鲁体育"的价格更低。

30 美元（篮球价格）×0.15（折扣）＝ 4.5 美元

30 美元－ 4.5 美元＝ 25.5 美元（篮球的折后价）

25.5 美元 ×0.05（消费税）=1.28 美元（1.275 四舍五入）

25.5 美元＋ 1.28 美元＝ 26.78 美元（篮球实际价格）

尼克只有 25 美元。

26.78 美元－ 25 美元＝ 1.78 美元

尼克还需要 1.78 美元才能购买这个篮球。

第三章
第 15 页
紫色毛衣更便宜。

34.95 美元（紫色毛衣价格）×0.2（折扣）＝ 6.99 美元

34.95 美元－ 6.99 美元＝ 27.96 美元（紫色毛衣的实际价格）

紫色毛衣比粉色毛衣便宜 0.99 美元。

28.95 美元（粉色毛衣价格）－ 27.96 美元＝ 0.99 美元

第四章
第 18 页
凯尔没有足够的钱支付。他少了 0.1 美元。

23.46 美元（零食价格）×0.07（消费税）＝ 1.64 美元

23.46 美元＋ 1.64 美元＝ 25.1 美元（零食实际价格）

25.1 美元－ 25 美元＝ 0.1 美元

第 21 页
马特奥和米娅需要 20.22 美元购买新的花瓶。

15 美元（花瓶价格）×0.07（消费税）＝ 1.05 美元

2 磅 ×0.59 美元 / 磅＝ 1.18 美元（超重运费）

2.99 美元＋ 1.18 美元＝ 4.17 美元（总运费）

15 美元＋ 1.05 美元＋ 4.17 美元＝ 20.22 美元

马特奥和米娅每人需要给妈妈 10.11 美元。
20.22 美元 ÷2 ＝ 10.11 美元

第五章
第 27 页

在"爷爷的商店"购买总价是 112.78 美元。
31.99 美元（置物架价格）＋ 35.95 美元（音箱价格）＋
29.95 美元（电脑游戏价格）＝ 97.89 美元
97.89 美元 ×0.05（税）＝ 4.89 美元
97.89 美元＋ 4.89 美元＋ 10 美元（运费）＝ 112.78 美元

在"凯利的电脑"购买总价是 110.21 美元。
45.95 美元（置物架价格）×0.15（折扣）＝ 6.89 美元
45.95 美元－ 6.89 美元＝ 39.06 美元（置物架实际价格）
39.06 美元＋ 35.95 美元（音箱）＋ 29.95 美元（电脑游戏）
＝ 104.96 美元
104.96 美元 ×0.05（税）＝ 5.25 美元
104.96 ＋ 5.25 美元＋ 0 美元（运费）＝ 110.21 美元

帕特里克的钱不够购买所有东西。在"凯利的电脑"购买
三样东西要比在"爷爷的商店"购买便宜，他还需要 5.21
美元。
45 美元（生日所得）＋ 60 美元（修剪草坪所得）＝ 105
美元
110.21 美元－ 105 美元＝ 5.21 美元

词 汇

消费者（consumers）：购买商品和服务的人。

可支配收入（disposable income）：能够按照个人的意愿消费或保存的钱。

图标（icon）：代表某样东西的图片。

商品（merchandise）：购买或出售的货品。

推理（reasoning）：用条理清晰的方法去思考，然后用事实推断出结果。

限制条件（restrictions）：不能使用某样东西的条件。

URL：网站地址；统一资源定位地址（uniform resource locator）或全球资源定位器（universal resource locator）的缩写。